TABLEAU MÉTHODIQUE

DES MINÉRAUX,

SUIVANT LEURS DIFFÉRENTES NATURES,

Et avec des caractères distinctifs, apparens ou faciles à reconnoître.

Par le C. DAUBENTON, de l'Institut National, et Professeur de Minéralogie au Muséum d'Histoire naturelle.

CINQUIÈME ÉDITION.

A PARIS,

DE L'IMPRIMERIE DE DU PONT.

L'AN IV DE LA RÉPUBLIQUE.

AVERTISSEMENT.

Les distributions méthodiques des Minéraux sont aussi fautives que celles qui ont été faites pour les plantes et pour les animaux; il n'est pas possible qu'elles soient d'accord avec la nature : cependant les tableaux de ces méthodes sont imposans; ils nous présentent toutes les productions de la nature rappelées par leurs noms et disposées dans un ordre qui est très favorable à notre instruction. Nous voyons sur ces tableaux une suite de caractères distinctifs, qui peuvent nous assurer la connoissance des objets auxquels ils se rapportent : ces méthodes, quoique très-imparfaites, sont utiles, commodes et nécessaires pour l'étude de l'histoire naturelle.

Elles sont utiles en ce qu'elles nous instruisent de tous les caractères qui ont servi pour rapporter plusieurs objets à des genres et des classes.

Les méthodes sont commodes parce qu'elles nous présentent des tableaux où nous voyons un ordre tracé qui nous conduit, au milieu d'une multitude d'objets, à celui que nous voulons connoître.

Elles sont nécessaires en ce qu'elles soulagent, qu'elles exercent et qu'elles rappellent la mémoire; ceux qui apprennent à connoître les productions de la nature, retiennent plus aisément les noms et les caractères distinctifs, qui sont rangés méthodiquement sous leurs yeux; ceux qui sont instruits s'affermissent dans leurs connoissances; enfin ceux qui les ont oubliées se les rappellent. Il faut donc se servir des méthodes telles qu'elles sont pour faciliter l'étude de l'histoire naturelle.

Les minéraux sont distribués sur ce tableau en ordres, classes, genres, sortes et variétés. Les caractères distinctifs de chacun des articles sont en lettres italiques; il y a des majuscules pour les noms synonimes, lorsqu'ils sont nécessaires. J'ai distingué les matières métalliques en six états différens : 1º le métal natif; 2º le régule; 3º l'oxide; 4º le minérai; 5º plusieurs de ces différens états du même minéral dans un morceau de mine; 6º plusieurs sortes de minéraux apparens dans un même morceau.

J'ai ajouté dans cette nouvelle édition de mon Tableau minéralogique, les noms de la nouvelle Chimie; c'est un langage vraiment savant, puisqu'il explique la composition des minéraux par le même mot qui énonce leur dénomination. Ces nouveaux noms, loin d'embarrasser la science ouvriront un passage de l'histoire naturelle à la chimie; cette heureuse invention doit être adoptée pour toutes les parties de l'histoire des productions de la nature.

TABLEAU

MÉTHODIQUE

DES MINÉRAUX,

SUIVANT LEURS DIFFÉRENTES NATURES,

Et avec des caractéres distinctifs, apparens ou faciles à reconnoître.

PREMIER ORDRE.

SABLES, TERRES ET PIERRES.

Ces substances ne fondent pas dans l'eau comme les sels, ne brûlent pas comme les substances combustibles ; et n'ont pas l'éclat des matières métalliques.

PREMIÈRE CLASSE.

Pierres qui étincellent par le choc du briquet.

GENRES.	SORTES.	VARIÉTÉS.
	1. opaque ou demi-transparent.	1. gras.
		2. feuilleté. PIERRE MEULIÈRE.
		3. Cristallisé, *pyramide à 6 faces.*

GENRES.	SORTES.	VARIÉTÉS.
1. Quartz, *substance cristalline, cassure vitreuse, quelquefois un peu lamelleuse.* Pierre silicée, n. ch.	2. transparent, CRISTAL DE ROCHE, *deux pyramides à 6 faces, avec ou sans prisme à 6 pans.*	1. blanc. 2. rouge. RUBIS DE BOHÊME. 3. Jaune. TOPAZE OCCIDENTALE. 4. roux ou noirâtre. TOPAZE ENFUMÉE. 5. vert. 6. bleu. SAPHIR d'EAU. 7. violet. AMÉTHISTE. 8. irisé.
	3. en fragmens agglutinés, GRÈS, *cassure grenue.*	1. dur. 2. tendre. 3. du levant. *Grain très-fin.* 4. à filtrer. *Poreux.* 5. luisant. 6. veiné. 7. à gros grains. 8. herborisé.
	4. en grains détachés, SABLES, *surface vitreuse.*	1. anguleux. 2. fluide.
	1. AGATES, *toutes couleurs, excepté le blanc laiteux, le beau rougé, le bel orangé et le vert.*	1. nuées. 2. veinées. 3. onix. 4. irrisées. 5. mousseuses. 6. ponctués. 7. herborisées.

GENRES.	SORTES.	VARIÉTES.
2. Pierres demi-transparentes, *substance quartzeuse, couches concentriques, ou cassure écailleuse.*	**2. Calcédoines,** *transparence laiteuse.*	1. d'un blanc laiteux. 2. rougeâtres. 3. bleuâtres. 4. veinées. 5. onix. 6. irisées. OPALES. 7. arrondies et solides. GIRASOLS. 8. arrondies et creuses. ENHYDRES. 9. en stalactites. 10. en sédiment. 11. spongieuses. HYDROPHANES.
	3. Cornalines, *beau rouge.*	1. pâles. 2. foncées. 3. onix. 4. herborisées. 5. en stalactites.
	4. Sardoines, *orangé.*	1. pâles. 2. foncées. 3. veinées. 4. onix. 5. herborisées. 6. noirâtres.
	5. Pierres à fusil, *grises, blondes, rousses, noirâtres.*	1. tuberculeuses. 2. par lits.
	6. Prases, *vertes.*	1. vertes. 2. nuées. 3. tachées.
	7. Jades, *poli gras.*	1. blanchâtres. 2. olivâtres. 3. verts.
	8. Petrosilex, *transparence de cire, cassure écailleuse.*	1. blanc. 2. rougeâtre 3. veiné.

GENRES.	SORTES.	VARIÉTÉS.
3. Pierres opaques, *substances quartzeuse, couches concentriques, ou cassure terne, quelquefois écailleuse.*	1. Cailloux, *couches concentriques.*	1. tachés. 2. veinés. 3. onix. 4. œillés. 5. herborisés. 6. réunis en brêches. POUDINGS.
	2. Jaspes, *sans couches concentriques.*	1. verts. 2. rouges. 3. jaunes. 4. bruns. 5. violets. 6. noirs. 7. gris. 8. nués. 9. tachés. 10. veinés. 11. onix. 12. fleuris, *de 2, 3 ou 4 couleurs:* 13. universels, *fleuris de plus de 4 couleurs.* 14. par fragmens réunis en brêche.
4. Spath étincelant, FELD-SPATH. *cassure à*	1. Cristallisé régulièrement.	1. en prismes à 6 pans avec des sommets à 2 faces. 2. en prismes à 10 pans avec des sommets à 2 faces et 4 facettes. 3. à deux moitiés de cristaux accolées en sens contraires. 4. semi-inverse.

GENRES.	SORTES.	VARIETES.
faces brillantes, perpendiculaires l'une sur l'autre.	2. cristallisé confusément.	1. blanc. 2. gris de perle. OEIL DE POISSON. 3. rouge. 4. rouge à paillettes brillantes. AVENTURINE. 5. vert. 6. bleu. 7. violet. 8. à reflets colorés en vert et en bleu. PIERRE DE LABRADOR. 9. à reflets diversement colorés. OEIL DE CHAT.
	1. rouges.	1. Grenats. *cristallisés à 12, 36 ou 24 faces. Il y a aussi des Grenats jaunes, bruns, etc.* 2. Rubis balais, *couleur de rose, cristallisés en octaèdre.*
	2. rouges et orangés.	3. Rubis spinelles, *couleur de feu, cristallisés comme le rubis balais.* 4. vermeilles, *cristallisées comme le grenat.* 5. Hyacinthe-la-belle, *cristallisée à 4 pans exagones, avec des sommets à 4 faces rhomboïdales.*
	3. orangés.	6. HYACINTHES, *cristallisées comme l'hyacinthe la-belle.*

GENRES.	SORTES.	VARIÉTÉS.
	4. jaunes.	7. TOPAZES D'ORIENT. *cristallisées à 2 pyramides à 6 faces.*
		8. TOPAZES DE SAXE, *cristallisées à 8 pans, avec des sommets à 13 faces.*
5. Cristaux gemmes, *transparens et lamelleux, non électriques par chaleur sans frottement.*	5. jaunes et verts.	9. PERIDOTS, *cristallisés en prismes très-cannelés, avec des sommets à plusieurs faces.*
		10. CHRYSOLITES, *cristallisées en prismes à 6 pans, avec des pyramides à 6 faces.*
	6. verts.	11. ÉMERAUDES DU PÉROU, *cristallisées en prismes à 6 pans.*
		12. EUCLASES, *cristallisées en prismes très-cannelés, avec des sommets à plusieurs faces, sections longitudinales très-lisses.*
	7. verts et bleus.	13. AIGUE-MARINES, *cristallisées comme la topaze de Saxe.*
	8. bleus.	14. SAPHIRS D'ORIENT, *cristallisés comme la topaze d'Orient.*

CENRES.	SORTES.	VARIÉTÉS.
	9. indigo.	15. CYMOPHANES, *des reflets blanchâtres et bleuâtres, flottans dans l'intérieur de la pierre.* 16. SAPHIRS INDIGOS, *cristallisés comme la topaze et le saphir d'Orient.*
	10. rouges et violets.	17. GRENATS SYRIENS, *cristallisés comme le grenat.* 18. RUBIS D'ORIENT, *cristallisés comme la topaze et le saphir d'Orient.*

Nota. Les pierres gemmes qui ont été formées sans matières colorantes sont blanches.

6. Cristaux gemmes, tourmalines, *composés de lames perpendiculaires à l'axe du cristal, électriques par la chaleur.*		1. Rubis du Brésil, *rouges, en prismes à 4 pans, avec des pyramides à 4 faces.* 2. Topazes du Brésil, *jaunes, cristallisées comme le Rubis du Brésil.*

GENRES.	SORTES.	VARIÉTÉS.
7. **Tourmalines,** *électriques par la chaleur seule, sans frottement ; point de lames perpendiculaires à l'axe du cristal.*		1. Tourmalines rhomboïdales. 2. Tourmalines à 12 rhombes. 3. Tourmalines à 9 pans, avec des sommets à 3 faces. 4. Tourmalines à 9 pans, avec un des sommets à 3 faces, et l'autre à 6, dont 3 tendent à se réunir en sommet aigu. 5. Tourmalines à 9 pans, avec un sommet à 3 faces, et l'autre à 6, dont 3 se réunissent en sommet très-obtus.
8. **Schorls,** *lamelleux, non-électriques par la simple chaleur, sans frottement ; cristaux opaques ou longues aiguilles vertes transparentes.*	1. Cristallisés.	1. à 12 quadrilatères. 2. à 8 pans avec un sommet à 4 faces et l'autre à 2.
	2. En fragmens aglutinés.	1. Schorl spathique ; *des stries avec des reflets.* 2. Pâte de Schorl, *cassure à points brillans.*

GENRES.	SORTES.	VARIÉTÉS.

9. Prehnite, *couleur verte, cassure lamelleuse, faisceaux de prismes grouppés confusément.*

10 Pyroxene, SCHORL DES VOLCANS, *prismes à 8 pans avec un sommet à 4 faces, et l'autre à 2.*

11. Pierre de Croix ou CROISETTE, *divisible longitudinalement en deux moitiés.*

    1. en prisme oblique à 4 pans.

    2. en prisme solitaire exaëdre.

    3. à deux prismes croisés.

12. Spath adamantin, *fragmens en rhomboïdes peu aigus.*

B

GENRES. SORTES. VARIETES.

13. Jargon
de Ceylan,
*cristal en
prisme rec-
tangle à 4
pans, avec
des pyrami-
des à 4 faces.*

14. Spath
boracique,
*électrique
par la seule
chaleur sans
frottement,
cristaux en
cubes incom-
plets dans
leurs arétes
et dans 4 de
leurs angles
solides.*

Borax
magnesio
calcaire, *n.
ch.*

15. Pierre
d'azur,
*opaque et
bleue.*

$\left\{\begin{array}{l} \text{1. bleue pourprée.} \\ \text{2. bleue.} \end{array}\right.$

SECONDE CLASSE.

Terres et Pierres qui n'étincellent pas sous le briquet, et qui ne font point d'effervescence avec les acides.

GENRES.	SORTES.	VARIÉTÉS.
1. Argiles, *mouillées, elles sont ductiles; sèches, elle se polissent sous le doigt.* Alumines, *n. ch.*	1. absolument infusibles.	1. pour les pots de verrerie. 2. pour les pipes à fumer.
	2. en partie fusibles.	1. pour la porcelaine. 2. pour la poterie d'Angleterre. 3. pour la poterie de grès.
	3. entièrement fusibles.	1. pour la poterie commune. 2. pour la faïence. 3. pour les carreaux. 4. pour la tuile. 5. pour la brique.
2. Schîtes, *cassure feuilletée et argilleuse.*		1. Pierre noire. 2. Schîtes communs. 3. Ardoise. 4. Pierre à polir. 5. Pierre verte. 6. Pierre à rasoir. 7. par fragmens réunis en brèche.
3. Talc, *lames polies et luisantes, sans cassure spathique.*	1. en grandes feuilles.	Talc de Moscovie.
	2. en petites lames.	Mica.

GENRES.	SORTES.	VARIÉTÉS.
4. Sappare ou CYANITE, *des lames rectangles bleues.*		
5. Stéatites, *douces au toucher comme le suif.*	1. par couches et demi-transparentes.	1. Craie de Briançon fine.
		2. Craie de Briançon grossière.
	2. compactes et demi-transparentes.	1. Pierre de Lard.
		2. Craie d'Espagne.
	3. compactes et opaques.	1. Pierre de Côme.
	4. Pierres ollaires.	2. Pierre ollaire feuilletée.
6. Serpentines, *le poli et les couleurs du marbre.*	1. opaques.	1. tachées.
		2. veinées.
	2. demi-transparentes.	1. grenues.
		2. fibreuses.
7. Amiante, *filamens non calcinables, plus ou moins longs, ou feuillets plus légers que l'eau.*	1. en filamens doux.	1. Amiante longue.
		2. Amiante courte.
	2. en filamens durs.	1. Asbeste mûr.
		2. Asbeste non mûr.
	3. en feuillets.	1. Cuir fossile.
		2. Liége fossile.

GENRES.	SORTES.	VARIETES.

8. Zéolite, *soluble en gelée par les acides, composée de lames parallèles à l'axe des cristaux à 4 pans, ou à la base des cristaux à six pans.*

1. cristallisée.
  1. presque cubique.
  2. à 4 pans rectangles, avec des sommets à 4 faces triangulaires.
  3. à 4 pans exagones, avec des sommets à 4 faces rhomboïdales.
  4. en prisme droit exaèdre incomplet dans deux de ses angles solides.

2. striée.
  En stries divergentes, quelquefois colorée.

3. compacte.

9. Spath fluor, *fragmens à faces triangulaires, toutes inclinées les unes sur les autres.* **Fluate calcaire**, *n. ch.*

1. en cristaux.
  1. octaèdres.
  2. octaèdres cunéiformes.
  3. à 14 faces.
  4. cubiques.

2. en masses informes.

GENRES.	SORTES.	VARIÉTÉS.
10. Spath pesant, *fragmens romboïdaux, faces latérales perpendiculaires sur les bases.* Sulphate barytique, *n. ch.*	1. Cristallisé. 2. cristallisé confusément.	1. en prismes courts rhomboïdaux. 2. en octaëdres cunéiformes à sommets aigus. 3. en octaëdres cunéiformes à sommets obtus. 4. en segmens d'octaëdres cunéiformes à sommets aigus. 5. en segmens d'octaëdres cunéiformes à sommets obtus. 6. en tables. 7. en crête de coq. Pierre de Bologne.
11. Carbonate baritique, *en masses grises et striées.*		
12. Phosphate calcaire, *semblable à la pierre calcaire; en poussière, il est très-phosphorescent sur les charbons ardens.*		
13. Apatite, *prismes exaèdres réguliers.*		

TROISIÈME CLASSE.

Terres et Pierres qui font effervescence avec les acides.

GENRES.	SORTES.	VARIÉTÉS.
1. **Terres** calcaires, *effervescence avec les acides.* Carbonate de chaux, *n. ch.*	1. Compactes.	Craie.
	2. spongieuses.	Moëlle de pierre.
	3. en poudre.	Farine fossile.
	4. en bouillie.	Lait de lune.
	5. figurées.	En congellation.
2. **Pierres** calcaires, *mauvaises couleurs et mauvais poli.* Carbonate de chaux, *n. ch.*	1. à gros grain.	EXEMPLE. La pierre d'Arcueil.
	2. à grain fin.	EXEMPLE. La pierre de Tonnerre.
	1. de 6 couleurs.	Blanc, gris, vert, jaune, rouge et noir. EXEMPLE. Marbre de Wirtemberg.
3. **Marbres**, *cassure grenue, belles couleurs, beau poli.* Carbonate de de chaux, *n. ch.*	2. de 2 couleurs.	Suivant les 15 combinaisons, 2 à 2, des 6 couleurs. EXEMPLE. 1. blanc et gris. Marbre de Carrare. 2. gris et noir. Marbre herborisé. Marbre de Hesse.
	3. de 3 couleurs.	Suivant les 20 combinaisons, 3 à 3, des 6 couleurs. EXEMPLE. gris, jaune et noir. Lumachelle.

GENRES.	SORTES.	VARIÉTÉS.
	4. de 4 couleurs.	Suivant les 15 combinaisons, 4 à 4, des 6 couleurs. EXEMPLE. blanc, gris, jaune et rouge. Brocatelle d'Espagne.
	5. de 5 couleurs.	Suivant les 6 combinaisons, 5 à 5, des 6 couleurs. EXEMPLE. blanc, gris, jaune, rouge et noir. Brèche de la v. Castille.
4. Spath calcaire, *forme régulière, cassure spatique.* Carbonate de chaux, *n. ch.*	1. en cristal.	1. rhomboïdal obtus. SPATH D'ISLANDE. 2. rhomboïdal très-obtus. 3. rhomboïdal aigu. 4. à 12 rhombes. 5. à 12 triangles. 6. en prismes exaëdres. 7. à 12 pentagones. 8. à 18 trapèzoïdes.
	2. rameux. FLOS FERRI.	1. hérissé de pointes. 2. lisses.
5. Concrétions, *couches successives.* Carbonate de chaux, *n. ch.*	1. par stalactites.	1. en colonnes. 2. en nappes. 3. façonnées en albâtre
	2. par incrustation.	
	3. par sédimens.	1. horisontaux. 2. arrondis.

SUPPLÉMENT.

Terres et Pierres mélangées de celles des trois classes précédentes.

Terres mélangées.

GENRES.	SORTES.	VARIÉTÉS.
1. Sablon et argile.	Sablon des Fondeurs.	Sablon de Fontenai-aux-Roses.
2. Sable et terre calcaire.		1. Marne, bol d'Armenie.
		2. Marne, terre sigillée.
		3. Pierre à détacher.
		4. Terre à foulon.
3. Argile et terre calcaire		5. Terre à porcelaine.
		6. Terre à pipe.
		7. Terre à faïance.
		8. Marne blanche.
		9. Marne feuilletée.
		10. Marne d'engrais.

Pierres mélangées.

DE DEUX GENRES.

Quartz et Spath étincelant. . .	Granitin.
Quartz et Schorl.	Granitelle.
Quartz et Stéatite	Stéatite quartzeuze.
Quartz et Mica	Quartz micacé.
Quartz transparent et Mica . .	Cristal micacé.
Quartz en grès et Pierre gemme.	1. Grenat sur du grès.
	2. Grenat dans du grès.
Quartz en grès et Mica.	Grès micacé.
Quartz en grès et substance calcaire	1. Grès cristallisé, *en romboïdes aigus.*
	2. Grès en stalactites.

Quartz en sablon et Pierre opaque	Brèche sablonneuse et silicée.
Quartz en sablon et Schite. . .	Schite étincelant. PIERRE DE CORNE. TRAP.
Quartz en sablon et Zéolite . .	Zéolite étincelante.
Spath étincelant et pâte de Schorl.	Ophite.
Pierre demi - transparente et Pierre opaque.	Agathe jaspée, ou jaspe agathé.
Schorl et Mica	Schorl spathique micacé.
Schite et Mica.	Schite micacé.
Schite et marbre	Pierre de Florence.
Serpentine et Marbre	1. Marbre vert d'Égypte. 2. Marbre vert de mer. 3. Marbre vert antique. 4. Marbre vert de Suze. 5. Marbre vert de Varalte
Sapth pesant et matièrecalcaire.	Spath pesant alkalin.

DE TROIS GENRES.

Quartz en sablon, Schite et Mica	Pierre à faux.
Quartz, Pierre gemme et Mica.	Roche granitique.
Pâte quartzeuze, Spath étincelant en petits fragmens, et Schorl	Porphyre.
Pâte quartzeuze, Spath étincelant en gros fragmens et	

schorl . . . . Serpentin. SERPENTINE DURE.

Quartz, Schorl et Stéatite. . . Roche tuberculeuse.

Quartz, Spath étincelant, et Schorl. . . . . Granit.

DE QUATRE GENRES.

Quartz, Spath étincelant, Schorl et Mica . . . . Granit.

D'UN NOMBRE PLUS OU MOINS GRAND DE GENRES RÉUNIS EN BRÈCHES. . . . . Brèches universelles.

DOUBLES BRÈCHES . . . . {
1. Fragmens de Porphyre et pâte de Porphyre.
2. Fragmens de Granit et pâte de Schorl.

SECOND ORDRE.

Sels fossiles, solubles dans l'eau.

GENRES.	SORTES.	VARIÉTÉS.
	1. Alkali minéral, *fait effervescence avec les acides, cristallise en octaèdre à triangles scalènes.*	1. Natron. Cabonate de soude, *n. ch.*
		2. Aphronatron. Carbonate de soude, *n. ch.*

GENRES.	SORTES.	VARIÉTÉS.
	2. Sel commun, *décrépite au feu, fragmens cubiques, cristallise en cubes et en trémie.*	1. Sel marin.
	Muriate de soude, *n. ch.*	2. Sel gemme.
1. Sels alkalins, ou dont la base est un alkali.	3. Borax, *transparence gélatineuse, bouillonne par le feu ; cristallise en prismes à 6 pans, avec des sommets à plusieurs faces.*	1. brut. TINKAL.
	Borate de soude, *n. ch.*	2. purifié.
	4. Sel ammoniac, *se volatilise en fumée par le feu ; est grenu ou cristallisé en plumes composées de prismes à 4 pans, avec des pyramides à 4 faces.*	1. natif.
	Muriate ammoniacal, *n. ch.*	2. factice.
	5. Nitre ou salpêtre ; *détonne sur des charbons ardens.*	1. en octaèdre cunéiforme.
	Nitrate de potasse, *n. ch.*	2. à deux pyramides quadrangulaires naissantes.

GENRES.	SORTES.	VARIÉTÉS.
	1. **Nitre calcaire**, *très - déliquescent.* Nitrate de chaux, *n. ch.*	1. en prismes à 6 pans, terminés par des pymides à 6 faces. 2. en aiguilles.
2. Sels terreux, ou dont la base est une terre.	2. **Gypse**, *calcinable en plâtre; peu soluble dans l'eau.* Sulfate calcair., *n. ch.*	1. grossier opaque. 2. grossier demi - transparent. 3. fin opaque. 4. fin demi-transparent; ALBATRE-GYPSEUX. 5. strié opaque. 6. strié demi - transparent. 7. à 10 faces. 8. à 10 faces en cristaux accolés. 9. lenticulaire.
	3. **Sel d'Epsom**, *saveur amère.* Sulfate de magnésie, *n. ch.*	1. en prismes à 4 pans, avec des sommets à 2 faces. 2. en prismes à 4 pans, avec des sommets à 4 faces.
	4. **Alun**, *transparence limpide, cassure vitreuse.* Sulfate d'alumine, *n. ch.*	1. en octaèdre régulier; 2. en octaèdre incomplet dans ses bords et ses angles solides. 3. en segment d'octaèdre. 4. en roche, *informe.* 5. en plume, *des filamens.*

GENRES.	SORTES.	VARIÉTÉS.
3. Sels métalliques, ou dont la base est un métal.	1. Vitriol bleu, *d'un bleu foncé.* Sulfate de cuivre, *n. ch.*	1. en parallélipipède obliquangle. 2. en prisme oblique, à 6, 8 ou 10 pans. 3. en prisme oblique à 8 pans, avec des sommets à plusieurs faces.
	2. Vitriol vert, *d'un vert peu foncé.* Sulfate de fer, *n. ch.*	1. en rhomboïde, peu différent du cube. 2. en rhomboïde incomplet dans ses angles solides. 3. en filamens.
	3. Vitriol blanc, *couleur blanche.* Sulfate de zinc, *n. ch.*	1. en prisme à 4 pans, terminé par des sommets à plusieurs faces. 2. grenu, *semblable au sucre.* 3. en filamens.

TROISIÈME ORDRE.

Substances combustibles, non métalliques.

1. Diamans, *les plus durs et les plus brillans de tous les minéraux.*	1. cristalisés, *faces convexes.*	1. en octaèdre. 2. à 24 faces. 3. à 48 faces.
	2. cristalisés irrégulièrement.	

GENRES.	SORTES.	VARIÉTÉS.
2. Soufre, *odeur sulfureuse.*	1. natif.	1. en octaèdre. 2. informe.
	2. fondu.	1. en aiguilles. 2. informe.
3. Bitumes, *odeur bitumineuse.*	1. Charbon de terre, *solide et fragile.*	1. terreux. 2. feuilleté. 3. grenu. 4. compacte.
	2. Jais. *solide, dur et susceptible de poli.*	
	3. Asphalte, *solide et friable.*	1. Bitume de Judée. 2. Asphalte terreux.
	4. Pisasphalte, *consistance de poix.*	
	5. Bitume fluide.	1. Pétrole, *jaunâtre.* 2. Naphte, *blanc.*
	6. Ambre gris, *consistance de cire.*	1. taché. 2. noirâtre.
	7. Ambre jaune, *électrique par le frottement.*	1. transparent. 2. opaque.

QUATRIÈME ORDRE.

Substances métalliques.

GENRES.	SORTES.	VARIÉTÉS.
1. Arsenic, *odeur d'ail par la percussion ou par le feu.*	1. natif.	1. lamelleux. 2. écailleux. 3. tuberculeux. 4. friable.
	2. en régule.	1. en masse, *livide.* 2. en octaèdre régulier.
	3. en oxide.	1. en efflorescence. 2. en aiguilles, *blanches transparentes.*
	4. en minérai par le soufre.	1. Orpiment, *jaune.* 2. Realgal, *rouge.*
	5. en oxide et en minérai.	
2. Tungstène.	2. Régule, *grisâtre, grenu, friable.*	
	6. mêlé avec la chaux.	Pierre pesante, Tunstate de chaux natif, n. ch. *blanchâtre, cassure lamelleuse un peu grasse au doigt et à l'œil,* octaèdre.
	6. mêlé avec le manganèse et le fer.	Wolfram, *noirâtre, un peu éclatant, lamelleux, poussière brune-rougeâtre, prisme octaèdre comprimé avec des sommets à 4 faces.*

GENRES.	SORTES.	VARIÉTÉS.

2. en régule,
*grains noirâtres,
brillans, aggluti-
nés et cassans.*

3. Molibdène

4. en minérai par
le soufre.

Molybdène.
Sulfure de molybdène,
n. ch. *couleur de plomb
nouvellement coupé,
composé de lames
rhomboidales, mar-
quant des traits
blancs argentins,
électrique.*

2. en régule.

1. en masse,
*grains jaunâtres et
rougeâtres sur la cas-
sure, fragile et pul-
vérisable.*

2. en cubes.

3. en oxide, *n. ch.*

1. grenu,
noir ou rouge.

2. en aiguilles,
*blanches ou d'un
rouge vineux mêlé
de violet.*

D

GENRES.	SORTES.	VARIÈTES.
4. Cobalt.	6. mêlé avec le soufre, l'arsenic et le fer.	1. Cobalt gris, gris avec une légère teinte rougeâtre, cassure grenue.
		2. Cobalt blanc, blanc - grisâtre, et éclatant, cristallise en cube incomplet.
		3. Cobalt arsenical, cassure lamelleuse et un peu rougeâtre, cristallise comme la pyrite ferrugineuse.
	6. mêlé avec de l'oxide de fer ou de cuivre.	Mine d'argent fiente d'oie, des teintes variées de rouge, de brun, de verdâtre, et souvent avec de l'argent natif capillaire ou de l'argent rouge.

GENRES.	SORTES.	VARIÉTÉS.
5. Bismuth.	1. natif.	1. en lames triangulaires ou carrées ; *elles font retraite les unes sur les autres.*
		2. en dendrides, *des ramifications jaunâtres, quelquefois irisées dans des gangues calcaires ou quartzeuzes.*
	2. en régule.	1. cristallisé en cubes.
		2. informe, *comme le bismuth natif.*
	3. en oxide, *jaune, verdâtre ou pâle.*	
	6. mêlé avec le soufre ou l'arsenic.	1 mine de Bismuth sulfureuse. Sulfure de bismuth, n. ch. *en lames carrées ou en aiguilles parallèles, elles se coupent au couteau et sont grises-bleuâtres.*
		2. mine de Bismuth arsenicale. Arseniate de bismuth, n. ch. *ramifications chatoyantes dans du jaspe ou dans une pierre calcaire.*

GENRES.   **SORTES.**   **VARIÉTÉS.**

2. en régule,
blanc, brillant,
rougeâtre, sur-
tout à l'extérieur,
très-fragile, cas-
sure lamelleuse.

6. Nikel

4. minéralisé par
l'acide carbonique.
Carbonate de ni-
kel, *n. ch.*

en efflorescence verte
sur le kupfernikel.

6. mêlé avec le sou-
fre, l'arsenic, le
cobalt et le fer.

Kupfernikel,
couleur rougeâtre
très-singulière.

1. natif,
en gros grains un
peu applatis, sali-
sant les doigts ;
tissu lamelleux
un peu divergent.

2. en régule,
gris-blanc, en
grains fins et fra-
giles ; ils brûlent
et changent de
couleur à l'air en
un instant, et de-
viennent en quel-
ques jours une
poussière noire. Il
faut les mettre
dans de l'huile ou
de l'alcool pour les
conserver.

GENRES.	SORTES.	VARIETÉS.
7. Manganèse.	3. en oxide éclatant, *il est de couleur de gris de fer, ou blanc argenté ; frotté sur le papier, il laisse une couleur sombre ou noirâtre.*	1. Manganèse prismatique, *en prisme droit, à 4 pans striés longitudinalement.* 2. Manganèse en aiguilles, *aiguilles plus ou moins déliées, longues depuis une ligne jusqu'à 2 pouces et plus, dirigées en différens sens, partans de plusieurs centres, ou se croisant, de couleur sombre et laissant des traces noirâtres sur le papier par le frottement.*
	3. en oxide terne, *couleur noirâtre, brune ou rougeâtre, salissant les doigts ou le papier d'une couleur de suie.*	1. Manganèse en concrétion, *il y en a de très-ressemblant à de l'hematite.* 2. Manganèse en masse, *fort tendre et s'attachant aux doigts, prenant quelquefois par la retraite, la forme de prismes à 4, 5 ou 6 pans.* 3. Manganèse en poussière, *espèce d'efflorescence brune, rougeâtre ou grisâtre dans les cavités du manganèse cristallisé ou de quelques hematites.*

GENRES.   SORTES.   VARIETÉS.

8. Antimoine.

2. en régule.

1. en masses,
couleur d'étain, la-
melleux, fragile.

2. cristallisé,
par empreintes qui
ressemblent en quel-
que façon à des feuil-
les de fougère ou à
une étoile, ou en
cristaux saillans cu-
biques parallelipipè-
des allongés, ou en
ramifications compo-
sées d'octaèdres im-
plantés.

3. en oxide sulfuré.

1. Oxide blanc,
en aiguilles blanches,
grises ou nacrées di-
vergentes, ou en
lames rectangulaires

2. Oxide rouge,
KERMÈS MINÉRAL,
granuleux, placé à
la surface ou dans
les cuvités de l'anti-
moine minéralisé par
le soufre.

GENRES. SORTES. VARIÉTÉS.

4. en minérai par
l'arsenic,
blanc comme l'ar-
gent, cassure à
grandes facettes
brillantes.
Arsenure d'anti-
moine, *n. ch.*

4. en minerai par le
soufre.
Sulfure d'antimoine,
n. ch.

1. Mines d'antimoine,
en lames, en aiguilles,
ou filamens soyeux,
gris-noirâtres, élas-
tiques ou quelquefois
irisés.

2. Mine d'antimoine grise
ou sulfureuse,
couleur gris de fer,
odeur sulfureuse par
le frottement, infor-
me ou en aiguilles, ou
en prismes à 6 pans
avec des pyramides à
4 faces.

6. mêlé avec le sou-
fre et l'arsenic.

Oxide rouge arsenical,
en aiguilles soyeuses
et déliées, d'un rouge
sombre ou grisâtre
disposées par fais-
ceaux.

GENRES.	SORTES.	VARIETÉS.
9. Zinc.	3. Calamine ou pierre calaminaire, en oxide ou en état de carbonate, n. ch. électrique par la chaleur; elle brûle en jettant une flamme bleuâtre et en répendant des flocons blanchâtres.	1. en lames, petites lames blanches rectangles à double biseau, souvent incomplettes dans leurs angles solides et leurs arêtes. 2. en octaèdres cunéiformes, on n'en voit que les sommets. 3. en incrustation, en stalactites par couches successives sur du spath calcaire à 12 triangles. 4. informe, rouges, jaunes, verdâtres, noirâtres, molles, compactes, fragiles ou celluleuses comme vermoulues.
	3. Blende, sulfure de zinc, en état d'oxide sulfuré, n. ch. rouge, jaune, vert-jaunâtre, décrepitant au feu, soluble dans les acides avec une odeur puante.	1. Dodecaèdre à pans rhombes avec des facettes, 2. Tetraèdre, 3. Octaèdre, 4. Rectangulaire, 24 faces dont 12 sont rectangulaires. 5. Politrigone, grand nombre de faces triangulaires. 6. en masse, compacte noirâtre, mamelonnée avec des aiguilles ou de petites lames qui se réunissent au centres des mamelons.

GENRES.   SORTES.   VARIÉTÉS.

10. Mercure.

1. natif,
blanc, éclatant, fluide, froid et pesant.

2 en régule,
solide à 31 degré de froid artificiel, blanc et brillant comme l'argent, flexible, maléable, plus pesant que le mercure coulant.

3. minéralisé par le soufre. Sulfure de mercure, n. ch.
Cinabre rouge ou rougeâtre, cristallise en pyramides à 3 faces, dont les sommets sont ordinairement incomplets, il y a quelquefois un prisme à 3 pans entre les deux pyramides.

3. minéralisé par l'acide muriatique, muriate de mercure, n. ch.
Mine de mercure cornée, blanc ou gris, mamelonnée, ou en aiguilles prismatiques triangulaires.

GENRES.	SORTES.	VARIÉTÉS.

11. Étain.

1. natif,
noir, fragile, semblable au régule d'étain, lorsque ses parcelles ont été battues.

2. en régule.
1. cristallisé en cristaux blancs saillans, composés d'octaëdres.
2. informe,
blanc avec une teinte de gris et quelquefoi de jaune.

3. en oxide souvent mélé avec du fer.
Étain brun ou noir, cristaux en prismes à 4 pans avec des pyramides à 4 faces; ils sont presque toujours unis plusieurs ensemble et forment un angle rentrant à l'endroit de leur jonction.

Mine d'étain oeillée, en concretions arrondies avec des couches concentriques et quelquefois des stries qui vont du centre à la circonférence ou de veines de gris et de brun.

GENRES.	SORTES.	VARIETES.
	3. en oxide.	1. Rouille de plomb, *grise.* 2. Massicot, *jaune.* 3. Minium, *rouge.* 4. Plomb rouge, *rouge moins foncé que celui du minium, terreux ou en prismes quadrilatère.* Plomb chromaté.
12. Plomb.	3. en oxide minéralisé par l'acide carbonique.	Mine de plomb blanc spathique ou cornée, *blanche ou grise, tendre et friable, trasparente lorsque elle est pure, en prisme à 6 pans avec des pyramides à 6 faces ou en aiguilles cannelées.*
	3. en oxide minéralisé par l'acide molybdique.	Plomb jaune. Molybdate de plomb, *n. ch. jaunâtre ou gris, en lames carrées ou octogones.*
	3. en oxide minéralisé par l'acide phosphorique.	Mine de plomb grise ou rougeâtre, Phosphate de plomb, *n. ch. couleur jaune, rougeâtre, grise ou verte, en prisme exaèdre, quelquefois avec des pyramides complettes ou incomplettes.*

GENRES.	SORTES.	VARIÉTÉS.
	4. minéralisé par le soufre.	Galene, *plus brillante que le plomb, en octaèdre, ou en cubes souvent modifiés par des facettes additionnelles, fragmens cubiques.*
	6. mêlé avec les acides phosphorique et arsenique.	Phosphate arsenical de plomb, *mamelons d'un jaune verdâtre, parsemé de points brillans.*
13. Fer, *attirable à l'aimant.*	2. régule en fonte, fer coulé, fer cru, fer fondu. *Il peut être fondu de nouveau; il n'est pas málléable.*	1. Fonte blanche, *elle a un tissu lamelleux et brillant, elle est sujette à se casser.* 2. Fonte grise, *elle a un tissu grenu, elle est plus flexible et plus aisée à entamer que la blanche.*
	2. régule en fer forgé, fer battu, fer affiné. *Il n'est pas fusible, il est malléable.*	1. Fer aigre, *cassant, cassure à grandes écailles, peu serrées.* 2. Fer doux et nerveux, *les écailles de sa cassure forment des lames dirigées suivant la longueur de la barre de fer.*

GENRES.	SORTES.	VARIÉTÉS.
	2. régule en acier. Fer carburé, *n. ch. attirable à l'aimant.*	1. Acier non trempé, *grain plus fin que celui du fer doux, cassure brillante sans facettes.*
		2. Acier trempé, *grain plus grossier qu'avant la trempe, la cassure n'est presque pas brillante.*
13. Fer.	3. oxide noir ou noirâtre.	1. Mine de fer hépatique, *en cristaux de mêmes formes que ceux des pyrites.*
		2. Mine de fer limoneuse, *globuleuse, mamelonnée, irisée, ou en stalactites striées du centre à la circonférence.*
	3. en oxide jaune, *exposé au feu il prend une teinte plus foncée.*	1. Ocre jaune, *en masses tendres, friables et informes.*
		2. en géodes, *globuleuses ou de différentes formes, souvent avec un noyau mobile.* PIERRES D'AIGLE.

GENRES.   SORTES.   VARIÉTÉS.

13. Fer.

3. en oxide rouge.

1. Fer micacé rouge ;
paillettes rouges brillantes avec un aspect gras.

2. Hematite ,
en stalactites ou en masses mamelonnées, sphériques et fibreuses à l'intérieur avec des rayons divergens.

3. Cayon rouge,
SANGUINE,
en masses tendres, douces au toucher, sans aspect gras ; il teint les doigts et le papier en rouge.

4. Ocre rouge ,
elle ne diffère de l'ocre jaune que par la couleur.

3. en oxide bleu.

Bleu natif,
en poudre , souvent mêlé avec de l'argile ou de la tourbe. Sa couleur est pâle, il prend une teinte plus forte à l'air , il noircit dans l'huile.

GENRES.	SORTES.	VARIETES.
13. Fer.	4. en minérai dont le minéralisateur est inconnu, *très-attirable par l'aimant, non malléable.*	1. Fer en octaèdre régulier, *quelquefois cunéiforme de différentes grandeurs d'un quart de ligne à un pouce et plus.* 2. Fer à 20 faces, *cube incomplet sur ses 12 arrêtes.* 3. Aimant, *noirâtre, brun, rouge ou blanchâtre, compacte ou granuleux et quelquefois écailleux. Il doit avoir une propriété magnétique assez sensible pour mériter d'être employé comme aimant.*
	4. en minérai brillant, *peu attirable par l'aimant.*	Mine de fer grise ou speculaire, *cristallisée ordinairement en segmens plus ou moins épais, d'octaèdre cunéiforme coupés parallèlement à l'une de ses faces, limaille rougeâtre et onctueuse.*

GENRES.	SORTES.	VARIETES.
13. Fer.	4. en minerai, *peu attirable par l'aimant.*	Mine de fer de l'île d'Elbe, *forme variable ayant souvent six de ses faces disposées comme celles du cube, structure en lames parallèles à celles du cube, limaille rougeâtre et onctueuse.*
	4. minéralisé par le soufre. Sulfure de fer, *n. ch.*	Pyrite ferrugineuse, *jaune pâle verdâtre, étincelle sous le briquet avec une odeur sulfureuse, forme variable en modifications du cube ou de l'octaèdre, globuleuse, ovoïde, cylindrique, etc. dentelée, herborisée, etc.*
	4. minéralisé par l'acide carbonique.	Fer spathique, *couleur jaune ou brune, structure du spath calcaire, poussière blanchâtre.*

GENRES.   SORTES.   VARIÉTÉS.

13. Fer.

4. minéralisé par le carbone.

> Plombagine, appelée par les Chimistes Carbure de fer, et vulgairement CRAYON NOIR, *gris - sombre, brillante, grasse, onctueuse; cassure granuleuse à l'œil simple, et tuberculeuse à la loupe.*

4. minéralisé par l'arsenic

> Mispickel, arsenure de fer, *n. ch.* *couleur de l'étain; cristaux tetraëdres à base rhombe, étincelles par le briquet.*

6. mêlé avec le quartz.

> Émeri, *couleur noirâtre, rougeâtre ou grise; il entame le verre; il polit les pierres gemmes; il étincelle par le briquet; certains morceaux attirent sensiblement l'aimant.*

GENRES.	SORTES.	VARIÉTÉS.
	1. natif.	1. en masses informes, *rouge, éclatant, très-doux odorant, combustible avec une flamme verte, souvent couvert d'un oxide vert.* 2. en grain. 3. en tubercules. 4. en filamens. 5. en lames. 6. en octaëdres.
	2. en régule.	1. informe, *mêmes caractères que le cuivre natif.* 2. cristallisé, *en cristaux saillans composés d'octaëdres implantés.*
	3. en oxide bleu de cuivre, carbonate de cuivre bleu, *n. ch.*	1. azur de cuivre, *beau bleu, cristallisé en octaëdre à faces triangulaires isoceles, souvent modifié par des facettes additionnelles, en concrétions mamelonnées, en aiguilles ou en lames divergentes.* 2. bleu de montagne, *bleu d'azur pâle et terne, en masses terreuses.* 3. pierre d'Arménie, *bleu d'azur mêlé avec de la pierre calcaire.*

F 2

GENRES.	SORTES.	VARIETES.
14. Cuivre.	3. en oxide vert de cuivre par l'acide carbonique. Carbonate de cuivre n. ch.	1. Vert de cuivre soyeux, *en aiguilles prismatiques plus ou moins longues, d'un beau vert d'émeraude, diversement disposées.* 2. Malachite, *par couches concentriques, de différentes nuances de vert.* 3. Vert de montagne, *vert pâle, en masses terreuses.*
	3. en oxide rouge.	Mine de cuivre vitreuse, *avec l'éclat métallique et la cassure quelquefois ondulée; elle se cristallise ordinairement en octaèdres réguliers.*
	4. en minérai par le soufre.	Mine de cuivre vitreuse grise, *les caractères de la mine de cuivre vitreuse rouge excepté la couleur.*
	5. bleu et vert de cuivre dans le même morceau.	

GENRES.	SORTES.	VARIÉTES.
	6. mêlée avec du soufre et un peu de fer.	Mines de cuivre ou pyrites cuivreuses, *couleur jaune plus ou moins foncée quelfois irisée ; en tetraëdres confus, en octaëdres ou en masses informes ou en croûtes qui recouvrent d'autres corps.*
	6. mêlé avec le soufre, l'arsenic, le fer, le cuivre et l'argent.	Mine d'argent grise, *friable ; poussière terne ou noirâtre ; cristallisée en tetraëdres, en octaëdres, etc.*
	1. natif.	En masse, *blanc, brillant, sans odeur.* En octaëdres, *rarement bien déterminés, souvent implantés. C'est ce qu'on appelle argent en végétation, dendrite ou feuille de jougère.* En cubes, *très-rarement complets.* En cristaux à 14 faces. Capillaire. En filets, *lisses ou striés, en lignes courbes ou en anneaux.* En lames, *dans les fissures ou à la surface de certaines pierres.*

GENRES.	SORTES.	VARIETÉS.
	2. en régule.	En masse, mêmes caractères que l'argent. En octaèdres implantés.
	4. en minérai par le soufre. Sulfure d'argent, n. ch.	Mine d'argent vitreuse, couleur de plomb ou plus sombre, le poli du verre aux endroits où la mine a été coupée. Elle se cristallise en cubes ou en octaèdres, en cristaux à 12 ou 14 faces ; en masses arrondies ou lamelleuses, en filets ou en rameaux.
15. Argent.	4. en minérai par l'acide muriatique. Muriate d'argent, n. ch. quelquefois avec l'acide sulfurique.	Mine d'argent cornée, blanche ou couleur de corne, consistance de cire, fusible à la flamme d'une chandelle, transparence nulle ou moyenne, cristaux cubiques ou parallélipipèdes, ou informe.
	6. mêlé avec le soufre et l'antimoine.	Mine d'argent antimoniale, couleur d'argent ou jaunâtre, vapeurs sulfureuses au feu sans odeur d'ail, cassante lamelleuse, prismes à 6 pans striés longitudinalement.

GENRES.	SORTES.	VARIETÉS.
	6. mêlé avec du sou-fre et de l'arsenic. Arseniate d'argent, n. ch.	Mine d'argent rouge, *couleur rouge de rubis ou grise livide, avec le brillant métallique, transparence moyenne ou nulle, substance tendre et friable, électrique, poussière plus ou moins rouge, en prismes exaèdres avec des sommets très variables, ou informe.*
	6. mêlé avec de l'argent natif, de l'argent rouge et de l'argent vitreux.	Mine d'argent noire, *noirâtre, cellulaire, fragile, avec des indices d'argent natif, ou rouge ou vitreux.*
		1 En poudre ou en grains, *en parcelles ou en grains plus gros que les parcelles de la poudre.*
		2. En paillettes, *en petites parties la plupart applaties, dont les bords sont arrondis comme ceux des galets.*
	1. natif, *couleur jaune pure, plus de ductilité et de ténacité que dans les autres métaux,*	3. En lames, *de différentes grandeurs; elles portent des empreintes du quartz ou des autres pierres qui leur ont servi de gangues.*
		4. En parties plus ou

GENRES.	SORTES.	VARIETÉS.
	sans odeur ni saveur, inaltérable à l'air, dissoluble dans l'eau régale nitro-muriatique, n. ch.	moins grosses appelées Pepites, *on en a vu du poids de 66 marcs.*
		5. En filamens capillaires, *il y en a de 18 lignes de longueur et d'applatis.*
16. Or.		6. En octaèdres, *réguliers et quelquefois cuneïformes, ou en octaèdres implantés dont les rameaux sont disposés en feuilles de fougère ou en réseau.*
	2. en régule.	1. Massif, *mêmes caractères que l'or natif.*
		2. Cristallisé, *en octaèdres implantés.*
	6. mêlé avec le soufre, par exemple	dans la Pyrite aurifère.
	avec l'arsenic. . . .	dans l'argent rouge.
	avec l'antimoine . .	dans la mine d'or sulfureuse.
	avec le zinc.	dans la Blende tenant or
	avec le plomb . . .	dans la Galène tenant or
	avec le fer	dans la Pyrite ferrugineuse.
	avec le cuivre . . .	dans la Pyrite cuivreuse.
	avec l'argent. . . .	dans l'argent natif.

GENRES.   SORTES.   VARIETES.

17. Platine.

1. natif,
couleur blanche-grisâtre comme l'étain, en grains applatis, les uns anguleux, les autres arrondis, la plupart ont de la ductilité, les autres se cassent sous le marteau, et renferment des parcelles de fer qui les rendent attirables à l'aimant.

2. en régule,
blanc et brillant comme l'argent, fusible au foyer d'un grand miroir ardent ou à l'aide du gaz oxigène; il est malléable et se coupe au couteau.

PRODUITS DES VOLCANS.

GENRES.	SORTES.	VARIETES.
1. Laves ou matières volcaniques, c'est-à-dire formées par des volcans.	1. Scories poreuses.	1. en masses informes.
		2. en masses cordées.
		3. en forme de stalastites.
		4. en fragmens, LAPILLO.
		5. en petits fragmens, POUZZOLANE.
		6. en poussière, CENDRES DES VOLCANS.
	2. Basalte, compacte et étincelant, cassure noirâtre-cendrée, etc. avec des points brillans, sans feuillets comme ceux du Schiste étincelant.	1. en masses informes.
		2. en boules.
		3. en tables.
		4. en prismes à 3, 4, 5, 6, 7, 8 ou 9 pans, etc.
		5. en prismes articulés.
	3. Verre.	1. en filets détachés, FILS DE VERRE.
		2. en filets agglutinés, PIERRE PONCE.
		3. en masse compacte. LAITIER DES VOLCANS.

G

GENRES.	SORTES.	VARIETES.
2. Matières volcanisées, c'est-à-dire altérées par la chaleur des Volcans, *indices de cuisson, de calcination, de fonte ou de vitrification.*	1. Cristaux bruns verdâtres. 2. Granit. 3. Grenat. 4. Mica. 5. Peridot. 6. Quartz. 7. Schorl. 8. Spath étincelant. 9. Substances calcaires. 10. Tripoli.	
3. Produits mélangés.	1. de différentes matières volcaniques.	EXEMPLE. Lave poreuse et verte. LAVE ÉMAILLÉE.
	2. de différentes matières volcanisées,	EXEMPLE. 1. Grenat et terre cuite, OEIL DE PERDRIX. 2. Pierre calcaire et terre cuite. PÉPÉRINE.
	3. de matières volcaniques et de matières volcanisées,	EXEMPLE. Granite dans du Basalte.

MINÉRAUX *dont on ne connoît pas assez la nature pour les classer.*

Macles,

en prismes carrés ou cylindriques, dont la coupe transversale présente une croix noirâtre.

On a regardé la Macle comme un Schorl ; mais cette opinion n'est pas prouvée.

Cristaux bruns verdâtres.

en prismes à 8 pans, avec des pyramides incomplettes à 4 faces : ces cristaux, qui se trouvent parmi les produits volcaniques, se rapprochent de l'hyacinte par leur forme ; mais leur structure est différente.

Cristaux violets ou verts,

romboïdaux avec deux facettes à la place de deux arrêtes opposées.

On donne à ces cristaux violets et verts, le nom de Schorl, quoiqu'ils ne paroissent pas être de même nature que les Schorls.

Schorl rouge de Hongrie,

en prismes rouges opaques et cannelés longitudinalement.

On a pris d'abord ce minéral pour un schorl ; on l'a regardé ensuite comme l'oxide d'un métal particulier qui a été nommé *Titanium* ; mais les preuves en sont encore insuffisantes. On a trouvé ce minéral en Hongrie. On a découvert, dans les environs de Saint-Yriez, au département de la haute Vienne, des cristaux qui ressemble beaucoup au prétendu schorl rouge de Hongrie ; cependant ils sont plus gros et n'ont que de légéres teintes de rouge sur un fond brun, on les a reconnus pour un oxide cristallisé.

Trémolite,

substance composée, comme le schorl, de petits prismes comprimés, demi-transparens, de couleur grise ou d'un blanc perlé éclatant.

On l'a trouvée dans une pierre calcaire phosphorescente, sur le mont Trémola, un des rameaux du Saint-Gothard, d'où vient son nom. Il y a une autre trémolite à Altemberg en Saxe, mêlée avec du mica et du quartz.

Uranite,

lames carrées à double biseau, d'un très - beau vert.

On a pris d'abord cette substance pour du mica ; ensuite on a cru que c'étoit un oxide de cuivre : à présent on croit que c'est un nonveau métal ; mais on doute qu'il soit assez connu pour être classé. On a trouvé cette substance à Johan-Georgenstadt.

Addition au Tableau méthodique des Minéraux.

Dans ce tableau les différentes sortes de pierres gemmes sont distinguées, les unes des autres, par leurs couleurs et les variétés par les figures des cristaux. On m'a dit que plusieurs étudians aimeroient mieux que les sortes fussent distinguées par les cristaux, et les variétés par les couleurs, parce qu'on a prétendu que les couleurs étoient le caractère distinctif le plus équivoque des pierres précieuses ; je pense qu'il est le plus commode et le seul praticable, pour l'emploi d'une méthode d'histoire naturelle. Les cristaux des pierres gemmes sont encore rares, comme ceux de bien d'autres genres de minéraux ; on n'en voit que dans les collections scientifiques, tandis que l'on rencontre souvent ces pierres taillées et montées en bagues ou pour d'autres ornemens ; alors on ne peut les distinguer que par les couleurs. Les naturalistes ne pourroient donc connoître les pierres que dans un état où ils ne les verroient que très-rarement, tandis que les couleurs les font reconnoître taillées comme en crystaux. Les autres qualités des pierres précieuses, qui sont la dureté, le poli, l'éclat, le poids, etc. ne feroient pas des caractères distinctifs plus commodes et plus évidens que les couleurs.

Toutes les méthodes de l'histoire naturelle sont fautives ; les productions de la nature y sont réunies, par des ressemblances, en grouppes séparés les uns des autres par des différences ; les distributions

H

méthodiques que l'on appelle *méthodes*, consistent dans ces divisions et sous-divisions, qui sont déterminées par des caractères que l'auteur choisit à son gré, et qu'il contraste le mieux qu'il lui est possible, car il ne peut trouver de guide dans la nature ; elle n'a point de méthode, donc il n'y a point de méthode naturelle. Les méthodistes peuvent les varier comme ils le jugent à propos, et avoir la complaisance d'y faire des changemens, suivant le desir des étudians, pour qui elles sont nécessaires, parce qu'elles facilitent l'étude. Ces considérations m'ont déterminé à ajouter à mon Tableau des Minéraux, une seconde division des Pierres gemmes, où les sortes sont caractérisées par leurs cristaux, et les variétés par les couleurs.

On vient de rapporter dans le bulletin de la Société philomatique, du mois de floréal, an V républicain, des analyses de l'Hyacinte et du Jargon de Ceylan, faites par M. Klaproth, qui en conclud que ces deux pierres sont de même nature ; le C. Hauy a trouvé que la cristallisation de ces deux pierres étoit la même ; c'est pourquoi j'ai réuni comme variétés d'une même sorte les Jargons avec les Hyacinthes, dans la distribution méthodique suivante des Pierres gemmes.

GENRES.	SORTES.	VARIÉTÉS.
	en octaëdre à 2 pyramides à 4 faces.	RUBIS BALAIS, *Couleur de rose. Blanc.* RUBIS SPINELLE, *Couleur de feu. Blanc.*
	en octaëdre en prisme à 6 pans.	ÉMERAUDE *Verte. Verte-jaunâtre. Verte-bleuâtre. Blanche. Prisme-lisse.* AIGUE-MARINE *Verte-bleuâtre. Jaune. Bleue. Jaune-bleuâtre. Blanche. Prisme-strié.*
	en prisme oblique à 4 pans.	CYMOPHANE *Jaune. Jaune-verdâtre. Bleuâtre.*
		HYACINTHE *Orangée.* Hyacinthe la belle. *Orangée-rougeâtre. Blanche.*

GENRES.	SORTES.	VARIÉTÉS.
Pierres gemmes inférieures au diamant, et supérieures au cristal de roche pour le poli et l'éclat	en prisme à 4 pans avec des pyramides à 4 faces.	JARGON DE CEYLAN, *Rouge. Orangé. Jaune. Verdâtre. Bleuâtre. Blanc.*
		TOPASE DU BRÉSIL, *jaune-foncée.* Topase d'Inde, *jaune de safran.* Rubis du Brésil, *rouge.* Rubicelle, *rouge-jaunâtre.* Blanc.
	en dodecaëdre à 2 pyramides à 6 faces triangulaires.	PIERRE ORIENTALE. Rubis *rouge.* Rubis ponceau. Rubis pourpre. Topaze *jaune.* Topase aurore, *jaune-rougeâtre.* Topase chrysolite, *jaune-verdâtre.* Topase peridot, *vert jaunâtre.* Saphir *bleu.* Saphir pourpre, Saphir aiguemarine, *bleu-verdâtre.* Saphir améthiste. *Blanche.*

GENRES.	SORTES.	VARIÉTÉS.
	en dodecaëdre à 12, 36 et 24 faces rhomboïdales.	GRENAT, *Rouge. Vert-jaunâtre.* VERMEILLE, *rouge-orangée.* Grenat Syrien, *rouge-violet. Blanc.*
	en prisme à 6 pans, avec des pyramides à 6 faces.	Peridot, *Jaune-verdâtre. Vert-jaunâtre. Prisme cannelé.* Euclase *verte. des facettes avec les 6 faces, des pyramides.*
	en prisme à 8 pans, avec des pyramides à 13 faces.	Topase de Saxe, *d'un jaune plus clair que la Topase du Brésil. Blanche.* Chrysolite de Saxe, *jaune-verdâtre.* Aigue-marine de Saxe, *bleue-verdâtre. Blanche.*

E R R A T A.

Page 1re. ligne 12, *après le mot* métalliques, *ajoutez* et n'en sont pas susceptibles.

Page 3, seconde colon. lign. 8, *au lieu de* 3, *lisez* 5.

Page 6, première colonne, *après le mot* frottement, ligne 9, *ajoutez* plus éclatans que le crystal de roche. Troisième colonne, ligne 32, *au lieu de* la Topase de Saxe, *lisez* l'Émeraude.